啾啾〜啾啾〜

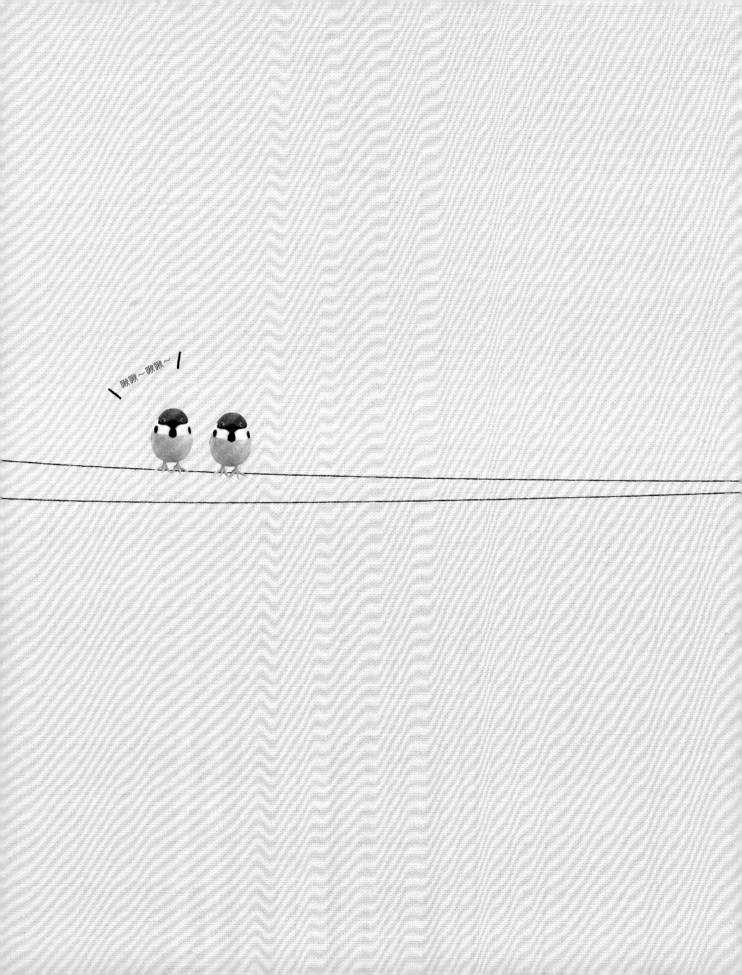

# 圓滾滾&胖嘟嘟の羊毛氈小鳥玩偶

滝口園子◎著

# Contents

● 圓滾滾小鳥玩偶

## ● 胖嘟嘟小鳥玩偶

## ● 寫實小鳥玩偶

本書使用SUN FELT株式會社的羊毛氈產品。

　　看到作品時會「燦爛一笑」，捧在手上能感受到「溫暖觸感」，而且得以使心情變得「悠然自得」
——NOKONOKO小姐（滝口園子小姐）持續製作這樣療癒心靈的羊毛氈小鳥玩偶已經9年了。

　　滝口小姐第一次製作的獨創羊毛氈作品，是身體像被壓扁的花生殼般的麻雀，也因此作品受到了廣大
關注。如今一提到麻雀，大家就會聯想到NOKONOKO小姐，羊毛氈麻雀玩偶儼然已經變成了滝口小姐的代
表作。

　　滝口小姐製作的小鳥主要有兩種。其一是先以填充羊毛作成圓滾滾、直徑3cm的圓球，再以此圓球為
基底製作「圓滾滾小鳥玩偶」。完成基底圓球後，再依各種鳥兒的配色，戳刺彩色羊毛即可。只要在顏色
＆形狀等下足功夫，不論是誰都可以輕鬆製作50種以上的「圓滾滾小鳥玩偶」唷！

　　另一種是「圓滾滾小鳥玩偶」的再進化——作成適合放在掌心上賞玩的「胖嘟嘟小鳥玩偶」。肉感十
足的可愛樣貌是人氣祕密，觸摸時能使心情得到療癒。比起「圓滾滾小鳥玩偶」體型較大，所以製作時間
稍久一些，但也相對地有較容易戳刺的優點。

　　本書豐富收錄了各種受歡迎的鳥類，麻雀、暗綠繡眼鳥、鸚鵡、文鳥、翠鳥、藍山雀……每一種的特
徵都以彩色羊毛或混色羊毛的配色如實呈現。

　　最近，與實體相似度極高的「寫實小鳥玩偶」也誕生了！連翅膀的花紋都真實再現的麻雀，是完成度
相當高的作品之一。

　　想要作出一些能讓見到的人覺得暖心適意，小巧又可愛的羊毛氈小鳥玩偶——滝口小姐一直抱持著這
個想法，每天持續不斷地戳刺著羊毛。

每天一定持續戳刺，讓小鳥玩偶得以順利誕生的NOKONOKO小姐。NOKONOKO是以本名園子（SONOKO）的暱稱命名而來。

將三隻「寫實麻雀」並排後，很像真實的實體，令人驚豔！最裏頭還隱藏了「圓滾滾小鳥玩偶」……

因象徵「幸福的青鳥」而深受歡迎的藍山雀。「胖嘟嘟小鳥玩偶」很推薦作為室內裝飾小物喔！

羊毛氈小鳥玩偶都是以色彩繽紛的羊毛進行製作。左側為毛氈球。

# 圓滾滾小鳥玩偶

Manmaru kotori is made by needle felting.

a

b

不論從什麼角度看都圓滾滾，相當可愛動人的小鳥玩偶，是將羊毛搓揉成圓球後製作而成。
全身有兩個顏色以上時，訣竅在於先由淺色開始戳刺。
藉由細節的配色呈現出各自的特徵，就能創作出各具特色的小鳥玩偶。

*a* 虎皮鸚鵡（黃）

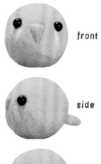

front

side

back

材料（羊毛的顏色＆插入式眼珠的直徑）
身體～尾羽 ● 黃色RW-301
鳥喙 ● 膚色RW-303
臉頰的花紋 ● 白色RW-700
插入式眼珠 ● 5mm

## 01

人氣No.1
擅長說話的
# 虎皮鸚鵡 × 3

水藍色・黃綠色虎皮鸚鵡
是將頭部＆身體對半等分進行配色。
除了插入式眼珠之外，鳥喙、臉頰、圓點花紋等細節，
都是以彩色羊毛視整體平衡描繪添加而成。

**How to make → P8**

*b* 虎皮鸚鵡（藍）

front

side

back

材料（羊毛的顏色＆插入式眼珠的直徑）
頭部 ● 白色RW-700
腹部 ● 水藍色500＋冰藍色RW-503
翅膀・尾羽 ● 灰色RW-702
鳥喙 ● 灰色RW-702
臉頰的花紋 ● 藏藍色RW-504
鳥喙下方的花紋 ● 黑色RW-701
插入式眼珠 ● 5mm

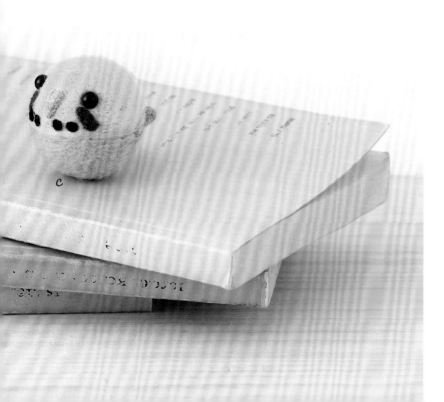

*c*

# 圓滾滾小鳥玩偶的作法

圓滾滾小鳥玩偶是以圓球基底為基礎，將完成的基底添上顏色，並加上尾羽＆鳥喙＆眼珠。
在此將以虎皮鸚鵡的作法進行示範教作。
其他的圓滾滾小鳥玩偶皆以虎皮鸚鵡的要領，依各自的羊毛材料顏色進行製作即可。
尾羽的紙型則請參照此頁的紙型。
所有作業皆請在切割墊上進行。以戳針戳刺時，請在切割墊上放置戳針工作墊，在工作墊上進行製作。

## 圓球基底的作法

1 將填充羊毛分離取出細長條。

2 為確保不易鬆脫，從開端開始結實地捲起。

3 捲好後，翻轉90度，結實地捲上新的填充羊毛。

4 捲好後，再次翻轉90度＆結實地捲上新的填充羊毛。

5 纏捲至直徑3cm左右之後，將末端戳刺固定，並戳刺整體修整成球狀。

6 形成邊角狀的部分也要戳刺成圓弧狀。

以掌心滾圓。

圓球基底完成。或直接使用市售的「小基底球（フェルトベース小）」（清原株式會社）也OK。

---

## 01 虎皮鸚鵡的作法 Photo - P6-7

c 虎皮鸚鵡（草綠色）

front

side

back

材料（羊毛的顏色＆插入式眼珠的直徑）
頭部 ● 黃色RW-301
腹部 ● 草綠色RW-401
翅膀 ● 黃色301＋灰色RW-702
尾羽 ● 同翅膀
鳥喙 ● 灰色RW-702
臉頰的花紋 ● 藏藍色RW-504
鳥喙下方的花紋 ● 黑色RW-701
插入式眼珠 ● 5mm

圓滾滾小鳥玩偶 ● 尾羽的紙型

通用

## 在主體上添加顏色

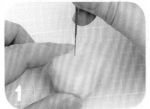

**1** 將鬆解開的黃色羊毛戳刺在圓球基底的上半部。

**2** 在黃色相反側的下半部戳刺上草綠色羊毛。為作出交界處的明顯線條，請先捲一細長羊毛，戳刺出分界。

**3** 取等量的黃色＆灰色羊毛，一起鬆解開並混合顏色。

**4** 重複以手撕開＆重疊的動作，進行羊毛的混色。

## 製作尾羽＆戳刺結合

**5** 以混色羊毛戳刺上細長的橢圓形翅膀。

**6** 在戳針工作墊上放置尾羽的紙型板，將與翅膀相同的混色羊毛放入紙型板中。

**7** 戳刺固定成形。表面戳刺完成後，翻面戳刺背面。

**8** 從紙型板上取下。

## 加上鳥喙

**9** 在工作墊上放置尾羽片，手指套上指套按壓固定，以與工作墊平行的方式戳刺，修整邊緣。

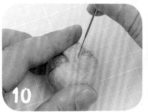

**10** 先將尾羽接合端的羊毛戳刺固定於翅膀下方（顏色交界處），再將鬆散的羊毛持續集中戳入接合處。

**11** 製作鳥喙。取少量灰色羊毛，以指腹揉圓，再作成細長的三角形。

**12** 一邊戳刺一邊修整成細長三角形，作成鳥喙。

## 加上眼睛

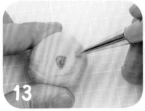

**13** 以錐子在眼睛位置上鑽孔。

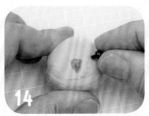

**14** 將插入式眼珠塗上接著劑，鑲入固定。

## 加上花紋

**15** 各取少量藍色、黑色羊毛，藍色製成細長條，黑色製成小圓點，戳刺固定。

\ 完成！/

原寸大小

*a*

*a* 白文鳥

front　　　　side　　　　back

材料（羊毛的顏色＆插入式眼珠的直徑）
身體～尾羽 ● 白色RW-700
鳥喙・眼圈 ● 橘紅色RW-103
插入式眼珠 ● 5mm

02

捧在掌心的親密伙伴

# 可近可親的文鳥×3

為了呈現白文鳥的特色姿態，
請在鳥喙的正後方戳刺上尾羽。
肉桂文鳥＆櫻文鳥的共同特徵
是眼珠下方的白色臉頰。
將臉頰稍微作出些許厚度，
成品就會相當漂亮。

*b*

---

*b* 肉桂文鳥

*front*　　*side*　　*back*

材料（羊毛的顏色＆插入式眼珠的直徑）

頭部・尾羽 ● 紅磚色RW-201
　　　　　＋駝色RW-202
腹部 ● 駝色RW-202
鳥喙・眼圈 ● 橘紅色RW-103

臉頰的花紋 ● 白色RW-700
插入式眼珠 ● 5mm

*c* 櫻文鳥

*front*　　*side*　　*back*

材料（羊毛的顏色＆插入式眼珠的直徑）

頭部 ● 黑色RW-701
腹部 ● 灰色RW-702
尾羽 ● 黑色RW-701
鳥喙 ● 橘紅色RW-103

臉頰的花紋 ● 白色RW-700
眼圈 ● 橘紅色RW-103
插入式眼珠 ● 5mm

*03*

擁有「藍色寶石」美譽──
# 鮮豔奪目的翠鳥

翠鳥的製作訣竅在於
依橘色身體、藍色頭部的順序戳刺，
再由鳥喙側旁起，斜斜地加入細長的橘色花紋。
製作圓滾滾小鳥玩偶的翠鳥時，
鳥喙的長度也作成了縮短的可愛版。

front　　side　　back

材料（羊毛的顏色＆插入式眼珠的直徑）
頭部 ● 藍色RW-501
腹部 ● 橘色RW-304
尾羽・尾羽上方的花紋 ● 水藍色RW-500
鳥喙 ● 黑色RW-701
眼周的花紋 ● 橘色RW-304・白色RW-700
插入式眼珠 ● 5mm

front　side　back

材料（羊毛的顏色&插入式眼珠的直徑）
頭部 ● 紅磚色RW-201
腹部 ● 駝色RW-202
翅膀・尾羽 ● 紅磚色RW-201＋深灰色RW-703
鳥喙 ● 黑色RW-701
鳥喙下方的花紋 ● 黑色RW-701
插入式眼珠 ● 5mm

*04*

潔淨的臉蛋是一大嬌點
# 山麻雀

山麻雀沒有一般麻雀臉頰上的黑色斑點。
紅磚色的頭部區塊位於中心線稍微上方處。
鳥喙下方的黑色花紋，則是絕對不能忘記的特色標記。

*a* 玄鳳鸚鵡（灰色）

front

side

back

材料（羊毛的顏色＆插入式眼珠的直徑）
頭部・羽冠 ● 淡黃色RW-300
身體・尾羽 ● 灰色RW-702
鳥喙 ● 膚色RW-303
臉頰的花紋 ● 橘色RW-304
插入式眼珠 ● 5mm

*b* 玄鳳鸚鵡（白色）

front

side

back

材料（羊毛的顏色＆插入式眼珠的直徑）
頭部・羽冠 ● 淡黃色RW-300
身體・尾羽 ● 白色RW-700
鳥喙 ● 膚色RW-303
臉頰的花紋 ● 橘色RW-304
插入式眼珠 ● 5mm

*a*

## 05
圓呼呼的腮紅臉頰最迷人了！
### 自戀的玄鳳鸚鵡
圓呼呼的橘色腮紅
＆頭上輕柔翹立的羽冠是吸睛重點。
將頭部與身體的顏色
配置出稍微前傾般的交界線，
就能極佳地突顯出玄鳳鸚鵡的特色。
**How to make → P31**

*06*

橘紅色的臉蛋最神氣
# 淘氣的桃面愛情鳥

基底整體戳刺鋪滿草綠色之後，再戳刺上臉部。
訣竅在於將橘紅色的臉部戳刺得稍有厚度，就能漂亮地顯色。
最後再加上倒三角形的鳥喙就完成啦！

front　　side　　back

材料（羊毛的顏色＆插入式眼珠的直徑）
臉部 ● 橘紅色RW-103
身體 ● 草綠色RW-401
尾羽 ● 藏藍色RW-504
鳥喙 ● 膚色RW-303
插入式眼珠 ● 5mm

# 07

鮮亮的綠色×黃色×橘色
## 深情款款的牡丹鸚哥

先戳刺草綠色的身體，再環繞一圈地戳刺黃色花紋，
最後以橘色戳刺上圓圓的臉蛋。
黃色花紋隨著越往臉部的下方，幅寬也漸漸變得越狹窄。

front

side

back

**材料**（羊毛的顏色＆插入式眼珠的直徑）
臉部 ● 橘色RW-304
臉部外圍 ● 黃色RW-301
身體・尾羽 ● 草綠色RW-401
鳥喙 ● 紅色RW-104
眼圈 ● 白色RW-700
插入式眼珠 ● 5mm

*08*

日本三大青鳥——
# 白腹藍鶲・小琉璃・瑠璃鶲

鳥喙下方黑色花紋寬度較大的是琉璃鳥，
寬度較窄的是小琉璃；
臉上有斜線白紋，一副威風凜凜模樣的則是瑠璃鶲。
聚齊三隻藍色小鳥好像會帶來幸福呢！

*a*　　　　　　　　*b*

*a* 瑠璃鶲

front　　side　　back

**材料**〔羊毛的顏色＆插入式眼珠的直徑〕

頭部～尾羽 ● 藏藍色RW-504　　眼睛上方花紋 ● 白色RW-700
腹部 ● 白色RW-700　　側腹的花紋 ● 土黃色RW-302
鳥喙 ● 黑色RW-701　　插入式眼珠 ● 5mm

*b* 琉璃鳥

front　　side　　back

**材料**〔羊毛的顏色＆插入式眼珠的直徑〕

頭部～尾羽 ● 藏藍色RW-504　　鳥喙下方花紋 ● 黑色RW-701
腹部 ● 白色RW-700　　插入式眼珠 ● 5mm
鳥喙 ● 灰色RW-702

c 小琉璃

front      side      back

**材料**（羊毛的顏色＆插入式眼珠的直徑）
頭部～尾羽 ● 藏藍色RW-504     鳥喙下方花紋 ● 黑色RW-701
腹部 ● 白色RW-700           插入式眼珠 ● 5mm
鳥喙 ● 灰色RW-702

*09*

紅色是唯一的裝飾色

# 身穿帥氣燕尾服的燕子

戳刺了對半的黑色頭部＆白色身體之後，
再戳刺上額頭＆喉嚨的紅色區塊，
完美＆均衡地完成製作。
尾羽的分岔是特色重點，請務必仔細製作。

**How to make ‧ P31**

front　　　side　　　back

**材料**〔羊毛的顏色＆插入式眼珠的直徑〕
頭部～尾羽 ● 黑色RW-701
腹部 ● 白色RW-700
鳥喙 ● 灰色RW-702
臉頰的花紋 ● 紅色RW-104
插入式眼珠 ● 5mm

front　　　side　　　back

材料（羊毛的顏色＆插入式眼珠的直徑）
頭部 ● 茶色RW-203　　　　翅膀的花紋 ● 白色RW-700
臉部 ● 白色RW-700　　　　鳥喙 ● 黑色RW-701
腹部 ● 土黃色RW-302　　　眼周的花紋 ● 黑色RW-701
翅膀・尾羽 ● 灰色RW-702　插入式眼珠 ● 5mm
翅膀的邊線 ● 黑色RW-701

## 10

身形豐滿圓滾
# 平易近人的伯勞鳥

依序戳刺茶色頭部、橘色身體、灰色翅膀、黑色邊線，
最後再戳刺臉部的白色區塊。
建議先戳刺鳥喙，再加上眼周的黑色花紋，
較能輕易地取得平衡。

*a* 胡錦鳥

front

side

back

材料（羊毛的顏色＆插入式眼珠的直徑）
頭部 ● 黑色RW-701
頭部線條 ● 藍色RW-501
胸部 ● 紫色RW-602
腹部 ● 黃色RW-301
翅膀・尾羽 ● 草綠色RW-401
尾羽的尖端 ● 藍色RW-501
鳥喙 ● 膚色RW-303
眼圈 ● 膚色RW-303
插入式眼珠 ● 5mm

*b* 胡錦鳥（紅色臉部）

front

side

back

材料（羊毛的顏色＆插入式眼珠的直徑）
臉部 ● 紅色RW-104
頭部 ● 黑色RW-701
頭部線條 ● 藍色RW-501
胸部 ● 紫色RW-602
腹部 ● 黃色RW-301
翅膀・尾羽 ● 草綠色RW-401
尾羽的尖端 ● 藍色RW-501
鳥喙 ● 膚色RW-303
眼圈 ● 膚色RW-303
插入式眼珠 ● 5mm

## 11

身體・臉部・翅膀
# 色彩繽紛的胡錦鳥

黑色頭部的黑胡錦
＆紅色頭部的紅胡錦，
兩款都是從頭部開始，
然後依順序戳刺黃色身體・紫色胸部・藍色花紋，
再戳刺膚色鳥喙＆草綠色尾羽，
最後鑲入插入式眼珠就完成了！

**How to make** → **P31**

a

b

## 12

尾羽又長又可愛

# 人氣寵兒 · 銀喉長尾山雀

正中間有黑色線條的長長尾羽
最可愛迷人了！
加上線條時，請先戳刺背面，再戳刺正面，
就能漂亮地完成。

**How to make → P31**

front　　　side　　　back

材料（羊毛的顏色＆插入式眼珠的直徑）
身體 ● 白色RW-700
頭部 ● 黑色RW-701
翅膀的線條 ● 黑色RW-701
翅膀的顏色 ● 以紅磚色RW-201＋茶褐色RW-204展現出層次
尾羽 ● 在白色RW-700上戳刺黑色RW-701線條
鳥喙 ● 黑色RW-701
插入式眼珠 ● 5mm

## 13

豊厚蓬鬆的眼圈是矚目焦點

# 雪白&圓滾滾的貓頭鷹

將貓頭鷹造型成雪白的顏色×圓滾滾的形狀。
加上鳥喙&決定眼睛位置之後,
再戳刺上軟蓬蓬的眼圈即完成!

How to make → P31

front          side          back

材料(羊毛的顏色&插入式眼珠的直徑)
身體・尾羽 ● 白色RW-700
鳥喙 ● 灰色RW-702
插入式眼珠 ● 6mm

front　　　side　　　back

材料（羊毛的顏色＆插入式眼珠的直徑）
頭部～尾羽 ● 草綠色RW-401
腹部 ● 白色RW-700
鳥喙 ● 紅色RW-104・藏藍色RW-504
眼睛下方～側旁的花紋 ● 粉紅色RW-101・水藍色RW-500
鳥喙下方花紋 ● 紅色RW-104
插入式眼珠 ● 5mm

## 14

小巧卻亮眼奪目

# 可愛迷人的古巴短尾鴗

古巴小小鳥的特徵是雙色的上下鳥喙。
分別將兩色羊毛搓揉成圓形，依序戳刺上方鳥喙＆下方鳥喙，
便能呈現出整體感的鳥喙。

**How to make → P31**

front     side     back

材料（羊毛的顏色＆插入式眼珠的直徑）
頭部・翅膀・尾羽 ● 藍色RW-501＋藏藍色RW-504
腹部 ● 白色RW-700
鳥喙 ● 黑色RW-701
臉部線條花紋 ● 藍綠色RW-502＋黑色RW-701
線條下方的胸部 ● 黃色RW-301
翅膀上方部分 ● 在翅膀上面少量鋪上卡其色402＋草綠色RW-401
插入式眼珠 ● 5mm

## 15

美麗耀眼的藍色翅膀
# 來自異國的藍山雀

經常被描繪在歐洲的裝飾盤或雜貨上的藍山雀。
請依序戳刺白色身體、藍色頭部，再保持與藍色平行地刺入黑色線條。
胸部的黃色區塊製作訣竅在於薄薄地＆重疊地戳刺。

*16*

紅色雞冠＆鳥喙是決定性關鍵

# 家雞 & 相伴隨的小雞

雞冠與尾羽的凹陷處，
要以戳針細緻地戳刺出弧度。
鳥喙下方的紅色肉髯
重點在於稍微戳刺得蓬鬆一些。
小雞的基底則要作得比圓滾滾小鳥玩偶再小一圈。

**How to make → P30**

## *16* 家雞的作法　Photo → P28-29

將雞冠＆尾羽等簡單可愛化吧！以P.31的紙型製作紙型板，就可以輕鬆地製作出形狀。

front　　　　side　　　　back

材料（羊毛的顏色＆插入式眼珠的直徑）
身體・尾羽 ● 白色RW-700
雞冠 ● 紅色RW-104
鳥喙 ● 黃色RW-301
插入式眼珠 ● 5mm

### 製作主體

**1**
將白色羊毛重疊鋪在整個基底球上戳刺。

### 製作＆加上雞冠

**2**
在戳針工作墊上放置雞冠紙型板，將紅色羊毛理開＆填入紙型板缺口處，全面戳刺固定。

**3**
在工作墊的上方放置雞冠片，套上指套按壓固定，以與工作墊平行的方式戳刺，修整邊緣作出凹陷弧度。

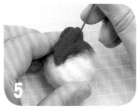

**4**
將戳針插入雞冠的凹陷處，塑造修整形狀。或利用P.31的紙型輔助製作也OK。

### 製作＆加上尾羽

**5**
將雞冠戳刺固定在圓球基底的正中央。先戳刺固定接合處的羊毛，再將鬆散的羊毛持續集中戳入接合處。

**6**
自雞冠兩側確實地戳刺固定。

**7**
以製作雞冠的相同要領，以白色羊毛製作尾羽。

**8**
將尾羽戳刺固定於雞冠之下，形成一直列。

### 戳刺固定鳥喙

**9**
取少量黃色羊毛，以指腹揉圓，戳刺於雞冠下方，製作鳥喙。

### 戳刺固定肉髯

**10**
將紅色羊毛戳刺成水滴狀，固定於鳥喙下方，製作肉髯。

### 加上眼睛

**11**
以錐子在眼睛位置鑽孔。

**12**
將插入式眼珠塗上接著劑，鑲入固定。

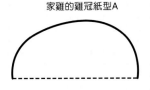

家雞的雞冠紙型A

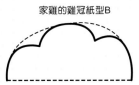

家雞的雞冠紙型B

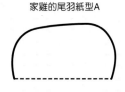

家雞的尾羽紙型A

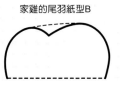

家雞的尾羽紙型B

小雞

front

side

back

材料（羊毛的顏色＆插入式眼珠的直徑）
身體 ● 淡黃色RW-300
鳥喙 ● 黃色RW-301
插入式眼珠 ● 4mm

## ● 製作重點

### 05 玄鳳鸚鵡的羽冠 Photo→P14

玄鳳鸚鵡的羽冠請以紙型板塑型，再戳刺結合。

### 09 燕子的尾羽 Photo→P20

燕子的尾羽請以紙型板塑型，再戳刺結合。

### 11 胡錦鳥的尾羽 Photo→P22

胡錦鳥的尾羽請以紙型板塑型，再戳刺上藍色飾邊。

### 12 條紋長尾山雀的尾羽 Photo→P24

條紋長尾山雀的尾羽請以紙型板塑型，再在正中央加入黑色線條，並戳刺結合。

### 13 貓頭鷹的眼圈 Photo→P25

**1** 先將羊毛條剪至3cm，戳刺固定於眼睛的位置。

**2** 於步驟1的中心位置接合插入式眼珠之後，將散開的羊毛修剪成圓形。

### 14 古巴短尾鴗的鳥喙 Photo→P26

古巴短尾鴗的鳥喙，是將藍色＆紅色的羊毛一上一下地戳刺接合，並修飾至呈現一體化。

# 胖嘟嘟小鳥玩偶

Potepote kotori is made by needle felting.

*17*

庭院小鳥

## 白眼圈綠繡眼

白色的身體×草綠色的頭部＆翅膀×黃色的胸部，
是最熟悉常見的配色。白色的眼圈是將羊毛搓成細細的長條狀，
如畫線般地仔細戳刺而成。

**How to make → P36**

剛好可以放在掌心，全長7cm的小鳥玩偶，創作靈感來自偶見路旁小鳥啄食飼料的模樣。基底則是一邊戳刺填充羊毛（填塞用，可輕鬆戳刺成型的羊毛）使其牢固，一邊作出頭部渾圓、身體側面柔軟豐滿，典型小鳥玩偶的形狀。

# ● 胖嘟嘟小鳥玩偶 的作法

一起來製作胖呼呼身體的可愛小鳥玩偶吧！
請先在此掌握基底的作法，並以此作為基底，參見P36綠繡眼的身體加工作法。
所有的胖嘟嘟小鳥玩偶們皆是以相同要領，進行戳刺製作喔！

## 胖嘟嘟小鳥玩偶基底的作法

準備寬約7cm，微粗的長條狀填充羊毛。

取7cm左右的長度進行摺疊。

摺疊成有厚度的塊狀。

右下角摺往中心點。

左下角也摺往中心點。

將下方產生的頂點往上摺疊。

左上角摺往中心點。

右上角也摺往中心點，形成塊狀三角形。

戳刺中心處數次，並輕輕收攏羊毛。

我～們的
體型都一樣唷！

尾部的花紋
也很萌呀♡

10 以塊狀三角形作為填料中心，纏繞上填充羊毛。

11 分別縱向&橫向纏繞包覆。

12 戳刺整體並收攏塑型。

13 變成柔軟豐滿的三角形之後，繼續縱向&橫向地纏繞上填充羊毛。

14 纏繞完之後，輕輕地戳刺塑型。

15 在翅膀處填加羊毛並戳刺，使其柔軟豐滿。

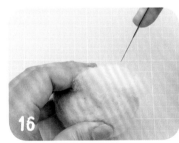
16 若頭部高度不足時，可再添加羊毛進行戳刺。

17 胖嘟嘟小鳥玩偶的基底完成了！

綠繡眼的作法參見次頁。

## *17* 綠繡眼的作法　Photo → P32-33

在此以綠繡眼作為胖嘟嘟小鳥玩偶的代表，進行作法解說。
除了長尾山雀之外，其他胖嘟嘟小鳥玩偶的尾羽紙型皆相同。玄鳳鸚鵡的羽冠請以P37的紙型輔助製作。

材料〔羊毛的顏色＆插入式眼珠的直徑〕
頭部～尾羽 ● 草綠色RW-401＋卡其色RW-402
腹部 ● 白色RW-700
胸部 ● 黃色RW-301
鳥喙 ● 茶褐色RW-204
眼圈 ● 白色RW-700
插入式眼珠 ● 6mm

front　　　side　　　top

### 加上腹部的白色　　加上頭部、翅膀、背部的顏色

1. 依P34作法製作基底後，將鬆開的白色填充羊毛戳刺於腹部。

2. 取等量的草綠色＆卡其色羊毛。

3. 將羊毛撕開、重疊、混合，進行混色。

4. 充分混色後鬆開備用。

5. 將步驟4的混色羊毛，鋪放於頭部至尾羽，並戳刺結合。

6. 決定頭部＆翅膀的肩區部分。

7. 如畫線般地一直戳刺至尾羽處。

8. 將混色羊毛鋪滿背部，進行整體的戳刺。

### 製作 & 加上尾羽

9. 製作尾羽的紙型板＆塞入混色羊毛。

10. 在戳針工作墊上全面性戳刺固定後，再翻面戳刺背面。

11. 在工作墊上放置尾羽片，手指套上指套按壓固定，以與工作墊平行的方式戳刺，修整邊緣。

12. 在尾羽處的顏色交界處上，稍微插入般地戳刺固定。

### 加上胸部的顏色

**13** 將胸部薄薄地戳刺上黃色羊毛。

**14** 取少量茶褐色羊毛,以指腹揉成圓形狀,戳刺成三角形。

### 加上眼睛

**15** 以錐子在眼睛的位置上鑽孔。

**16** 將插入式眼珠塗上接著劑,鑲入固定。

### 製作眼圈的花紋

**17** 取少量白色羊毛,搓成細條狀後,戳刺於眼珠周圍。

**18** 兩眼皆戳刺上白色眼圈。

＼ 完成！／

原寸大小

---

胖嘟嘟小鳥玩偶 ● 尾羽紙型 ─────────

通用

*23* 伯勞鳥需在尾羽末梢戳刺上黑色羊毛。

*18*
玄鳳鸚鵡的羽冠紙型
Photo➡P39

*24 · 25*
銀喉長尾山雀 · 條紋銀喉長尾山雀的尾羽紙型
Photo➡P46-47

a

b

front

side

top

材料（羊毛的顏色＆插入式眼珠的直徑）
頭部・羽冠 ● 淡黃色RW-300
身體・尾羽 ● 灰色RW-702
鳥喙 ● 膚色RW-303
臉頰的花紋 ● 橘色RW-304
插入式眼珠 ● 6mm

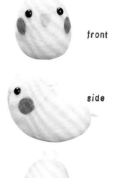

b 玄鳳鸚鵡（白色）

front

side

top

材料（羊毛的顏色＆插入式眼珠的直徑）
頭部・羽冠 ● 淡黃色RW-300
身體・尾羽 ● 白色RW-700
鳥喙 ● 膚色RW-303
臉頰的花紋 ● 橘色RW-304
插入式眼珠 ● 6mm

*18*

黃色臉部上的橘色腮紅是特殊標幟
# 白色・灰色玄鳳鸚鵡×2

白色玄鳳鸚鵡請先戳刺身體之後，
再戳刺黃色的頭部。
灰色玄鳳鸚鵡則是依黃色頭部、灰色身體的順序戳刺羊毛。
黃色羽冠的位置也有講究，
請將羽冠頂點調整至正對尾羽方向，再戳刺結合唷！

**How to make → P37**

front　　　side　　　top

材料（羊毛的顏色＆插入式眼珠的直徑）
頭部〜下巴下方的花紋 ● 黑色RW-701
腹部 ● 白色RW-700
翅膀・尾羽 ● 灰色RW-702
翅膀的上方 ● 在翅膀上覆蓋上少量的
　　　　　　卡其色RW-402＋草綠色RW-401

翅膀的花紋 ● 白色RW-700
鳥喙 ● 灰色RW-702
臉頰的花紋 ● 白色RW-700
插入式眼珠 ● 6mm

## 19

宛如繫著黑色的領帶！

# 紳士風的大山雀

特徵是從頸部延伸到腹部的黑色線條
＆翅膀上的白色條紋。
依序戳刺白色身體＆黑色頭部之後，
再從頸部往尾羽方向，戳刺上黑色線條吧！

*20*

紅色的眼圈＆鳥喙是特色標記

# 掌上賞玩首選──文鳥

依白色屁股、灰色身體、黑色頭部＆尾羽的順序，戳刺結合。
臉頰的白色部分戳刺得略有厚度，
成品就會更生動喔！
紅色眼圈則是一邊環繞細羊毛條，一邊戳刺結合。

front      side      top

**材料**（羊毛的顏色＆插入式眼珠的直徑）

| | |
|---|---|
| 頭部 ● 黑色RW-701 | 鳥喙 ● 橘紅色RW-103 |
| 胸部～身體 ● 灰色RW-702 | 臉頰的花紋 ● 白色RW-700 |
| 屁股 ● 白色RW-700 | 眼圈 ● 橘紅色RW-103 |
| 尾羽 ● 黑色RW-701 | 插入式眼珠 ● 6mm |

*21*

歐洲特有「拜訪庭院的野鳥」
## 廣受喜愛的藍山雀

在歐洲擁有「幸福的青鳥」美譽，與人格外親近。
製作時請先預留翅膀的區塊，
從頭部開始戳刺身體的白色後，在白色之上戳刺藍色圓形的頭部。
再順著頭部的藍色輪廓，
在外圍加入黑色×藍綠色混色而成的細線條。

front

side

top

材料（羊毛的顏色＆插入式眼珠的直徑）
頭部‧翅膀‧尾羽 ● 藍色RW-501＋藏藍色RW-504
腹部 ● 白色RW-700
鳥喙 ● 黑色RW-701
臉的線條花紋 ● 藍綠色RW-502＋黑色RW-701
線條下方的胸部 ● 黃色RW-301
翅膀的上方 ● 在翅膀上覆蓋上少量的
　　　　　　卡其色RW-402＋草綠色RW-401
插入式眼珠 ● 6mm

## 22

脖子上圍了圍巾？

# 最親人的麻雀

茶色頭部＆黑色臉頰，還有如圍巾般的白色脖子都是麻雀的特徵。
作法是依頭部、身體、翅膀的順序各自戳刺上羊毛，
再在茶色頭部＆白色脖子交界處上加上眼睛＆鳥喙即完成！

front    side    top

**材料**（羊毛的顏色＆插入式眼珠的直徑）

| | |
|---|---|
| 頭部 ● 茶色RW-203 | 背部・鳥喙 ● 紅磚色RW-201 |
| 腹部 ● 駝色RW-202 | 脖子的花紋 ● 白色RW-700 |
| 尾羽 ● 茶色RW-203 | 臉頰的花紋 ● 黑色RW-701 |
| ＋深灰色RW-703 | 插入式眼珠 ● 6mm |

## 23

層次分明的尾羽超時髦！

# 亮橘色身體的伯勞鳥

戳刺上茶色頭部、橘色身體、灰色翅膀之後，
再戳刺翅膀邊緣的黑色部分，並加上白點花紋。
尾羽則是在灰色的基底上添加黑色，作出層次感。

**How to make → P37**

front　　side　　top

材料（羊毛的顏色＆插入式眼珠的直徑）

| | |
|---|---|
| 頭部 ● 茶色RW-203 | 翅膀的花紋 ● 白色RW-700 |
| 臉部 ● 白色RW-700 | 尾羽 ● 灰色RW-702＋黑色RW-701 |
| 腹部 ● 黃色RW-301 | 鳥喙 ● 黑色RW-701 |
| 　　　＋橘色RW-304 | 眼睛旁邊的花紋 ● 黑色RW-701 |
| 翅膀 ● 灰色RW-702 | 插入式眼珠 ● 6mm |
| 翅膀的邊緣 ● 黑色RW-701 | |

## 24

眼睛上方的黑色線條備受矚目！

# 纖長尾羽的銀喉長尾山雀

整體戳刺上白色羊毛，並決定鳥喙的位置之後，
朝著尾羽加上黑色線條，就能輕易地勾勒出頭部花紋。
再沿著茶色翅膀的輪廓，加上黑色線條即完成！

**How to make → P37**

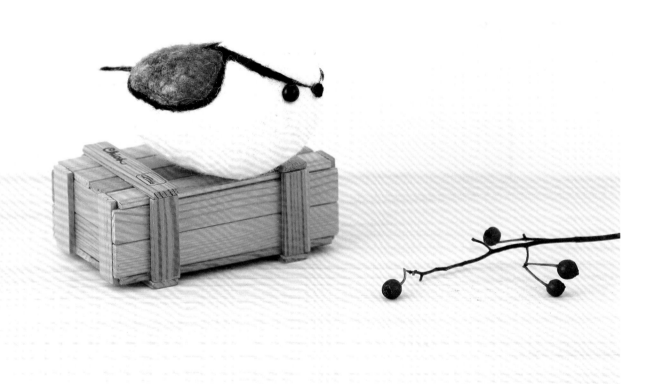

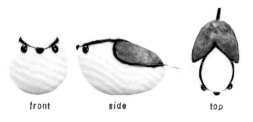

front　　side　　　　　top

材料（羊毛的顏色＆插入式眼珠的直徑）
身體 ● 白色RW-700
翅膀的線條 ● 黑色RW-701
翅膀的顏色 ● 以紅磚色RW-201＋茶褐色RW-204展現層次感
尾羽 ● 在白色RW-700上加入黑色RW-701的線條
鳥喙 ● 黑色RW-701
插入式眼珠 ● 6mm

front　　　side　　　top

材料（羊毛的顏色＆插入式眼珠的直徑）
身體 ● 白色RW-700
翅膀的線條 ● 黑色RW-701
翅膀的顏色 ● 以紅磚色RW-201＋茶褐色RW-204展現層次感
尾羽 ● 在白色RW-700上加入黑色RW-701的線條
鳥喙 ● 黑色RW-701
插入式眼珠 ● 6mm

*25*

北國的「白色妖精」
# 迷人雪白臉龐的條紋長尾山雀

雪白臉部配上小小的黑色鳥喙，可愛至極的條紋長尾山雀。
長尾羽＆茶色翅膀上的黑色線條頗有畫龍點睛之妙。
圓滾滾的模樣像極了本尊呢！

**How to make → P37**

*a* 虎皮鸚鵡（草綠色）

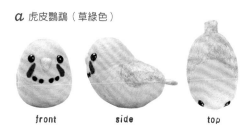

front　　side　　top

材料（羊毛的顏色＆插入式眼珠的直徑）
頭部 ● 黃色RW-301
腹部 ● 草綠色RW-401
翅膀・尾羽 ● 黃色RW-301＋灰色RW-702
鳥喙 ● 膚色RW-303
臉頰的花紋 ● 藏藍色RW-504
鳥喙下方的花紋 ● 黑色RW-701
插入式眼珠 ● 6mm

*26*

成對飼養的

# 人氣虎皮鸚鵡×2

草綠色＆水藍色鸚鵡都是依頭部、身體、翅膀的順序戳刺上羊毛。
將鳥喙戳刺結合＆加上插入式眼珠之後，
戳刺臉頰的藍色花紋＆鳥喙下方的黑色斑點就大功告成啦！

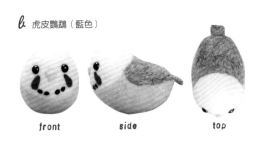

*b* 虎皮鸚鵡（藍色）

front　　side　　top

材料〔羊毛的顏色＆插入式眼珠的直徑〕
頭部 ● 白色RW-700
腹部 ● 水藍色RW-500＋冰藍色RW-503
翅膀・尾羽 ● 水藍色RW-500＋冰藍色RW-503
　　　　　＋深灰色RW-703
鳥喙 ● 膚色RW-303
臉頰的花紋 ● 藏藍色RW-504
鳥喙下方的花紋 ● 黑色RW-701
插入式眼珠 ● 6mm

使用市售基底球即可輕鬆製作

# 胖嘟嘟小鳥玩偶

本單元將介紹
利用市售基底球就可以簡單地在短時間內製作的「胖嘟嘟小鳥玩偶」。
此基底球是將羊毛塑型成扎實的圓球狀的市售成品（參見P52）。
只要將彩色羊毛戳刺在白色基底上，
就能迅速地製作出喜愛種類的「胖嘟嘟小鳥玩偶」，
所以即使作很多也能輕鬆享受樂趣唷！

## 27

胖呼呼的身體真可愛

### 御飯糰身材的麻雀

在作成御飯糰形狀的市售白色基底上稍微下一點功夫，
依茶色頭部、膚色身體，淺茶色翅膀的順序戳刺上羊毛，
再加上尾羽、眼珠、鳥喙、臉頰即完成！

**How to make → P52**

front

side

back

材料（羊毛的顏色＆插入式眼珠的直徑）
頭部 ● 茶色RW-203
腹部 ● 駝色RW-202
翅膀・尾羽 ● 紅磚色RW-201＋灰色RW-702
鳥喙 ● 紅磚色RW-201

脖子的花紋 ● 白色RW-700
臉頰・鳥喙下方的花紋 ● 黑色RW-701
插入式眼珠 ● 6mm

## 28
更加容易親近的
# 圓滾滾綠繡眼

以市售基底球的顏色表現身體的白色部分，
再從頭部到背部翅膀，均勻地戳刺上顏色。
稍微改變眼珠的安裝位置，就能變化出不同的表情喔！

**How to make** → **P53**

*front*   *side*   *back*

材料（羊毛的顏色＆插入式眼珠的直徑）
頭部～尾羽 ● 卡其綠RW-406＋黃綠色RW-400
鳥喙 ● 茶褐色RW-204
胸部的花紋 ● 黃色RW-301

眼圈 ● 白色RW-700
插入式眼珠 ● 6mm

## 27 御飯糰麻雀的作法　　Photo → P50

### 製作身體

**1** 在此使用市售的「大基底球（フェルトベース大）」（清原株式會社）。

**2** 擠壓成三角形。

**3** 以戳針戳刺塑型。

**4** 稍稍塑型成御飯糰形狀。

### 將頭部加上顏色

**5** 取細長的茶色羊毛，稍微在頭部一邊畫線般進行戳刺，一邊往頭頂鋪滿顏色。

### 將身體加上顏色

**6** 以駝色羊毛覆蓋身體，進行戳刺。

### 將翅膀加上顏色

**7** 取等量的紅磚色＆灰色羊毛進行混色。

**8** 戳刺於背部。（以細長的羊毛如畫線般戳刺固定後，再將顏色戳刺結合。）

### 製作＆加上尾羽

**9** 將尾羽的紙型板放在戳針工作墊上，塞入與翅膀相同顏色的羊毛，戳刺成型後，翻面繼續戳刺。

**10** 在工作墊上放置尾羽片，手指套上指套按壓固定，以與工作墊平行的方式戳刺，修整邊緣。

**11** 將尾羽戳刺固定於翅膀下方的顏色交界處。先戳刺固定接合處的羊毛，再將鬆散的羊毛持續集中戳入接合處。

### 戳刺脖子的花紋

**12** 取細長的白色羊毛，沿著頭部的茶色線條環繞戳刺一圈。重點在於越靠近前胸，白色的紋路就應越寬。

胖嘟嘟小鳥玩偶 ● 尾羽的紙型

麻雀·綠繡眼
通用

### 加上鳥喙

**13** 取少量的紅磚色羊毛，以指腹揉圓後戳刺結合，製作鳥喙。

### 加上黑色花紋

**14** 在鳥喙下方＆臉頰處，取少量黑色的羊毛輕輕揉圓，戳刺上花紋。

### 加上眼睛

**15** 以錐子在眼珠的位置上鑽孔。

**16** 將插入式眼珠塗上接著劑，鑲入固定。

---

## 28 圓滾滾綠繡眼的作法　　Photo → P51

### 加上頭部至背部的顏色

**1** 取等量的卡其綠＆黃綠色羊毛進行混色。

**2** 將混色羊毛戳刺在主體（參見P52步驟1至4）的上半部。如像畫線條般地戳刺上羊毛之後，繼續鋪滿＆戳刺上半部顏色，即可漂亮地呈現。

### 製作＆加上尾羽

**3** 將尾羽的紙型板放在戳針工作墊上，塞入與翅膀相同顏色的羊毛，戳刺成型後，翻面繼續戳刺。再取下尾羽，水平地從側邊進行戳刺。

**4** 將尾羽戳刺固定於翅膀下方的顏色交界處。先戳刺固定接合處的羊毛，再將鬆散的羊毛持續集中戳入接合處。

### 加上鳥喙

**5** 取少量的茶褐色羊毛，以指腹揉圓後戳刺結合，製作鳥喙。

### 加上胸部的顏色

**6** 取少量的黃色羊毛，鬆開並在胸部上戳刺上薄薄的一層。

### 加上眼睛

**7** 以錐子在眼珠的位置上鑽孔之後，將插入式眼珠塗上接著劑，鑲入固定。

**8** 待接著劑乾燥後，取細長的白色羊毛，戳刺於眼周一圈。

# 圓滾滾小鳥玩偶胸針

圓滾滾小鳥玩偶
變成直徑3.5cm的平底半圓球胸針啦！
建議製作數個喜愛的小鳥玩偶胸針一起配戴，更能展現氛圍。

**How to make - P56**

將基底作成如包釦般的平底半圓球，
並以不同的顏色組合表現各種鳥兒的特徵。
除了企鵝之外都是側面的姿態，
請掌握巧妙的視覺平衡，以完美比例加上鳥喙＆尾羽吧！

### 圓滾滾小鳥玩偶胸針的作法

製作宛如圓餅形狀的基底，再戳刺上小鳥的色彩花紋。

#### 胸針基底的作法

**1** 取稍微寬幅的填充羊毛，緊實地摺疊起來。

**2** 翻轉90度後，捲上新的羊毛。

**3** 以戳針輕輕戳刺，將突出的邊角戳刺成圓弧狀。

**4** 胸針基底完成！

---

### 麻雀胸針的作法　Photo → P54

3.5cm

**材料**（羊毛的顏色＆插入式眼珠的直徑）
頭部 ● 茶色RW-203
腹部 ● 駝色RW-202
翅膀・尾羽 ● 紅磚色RW-201
　　　　＋灰色RW-702
鳥喙 ● 紅磚色RW-201

脖子的花紋 ● 白色RW-700
臉頰的花紋 ● 黑色RW-701
插入式眼珠 ● 5mm
胸針用別針 ● 3cm
毛氈布 ● 3.5cm

● 尾羽的紙型

圓滾滾小鳥玩偶胸針通用

#### 戳刺上主體的顏色

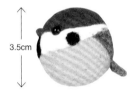

**1** 上方1/3戳刺上頭部的茶色，下方2/3戳刺上腹部的膚色，翅膀則戳刺上紅磚色＆灰色的混色，脖子戳刺上白色的羊毛。

#### 加上尾羽

**2** 製作與翅膀同同顏色的尾羽，並戳刺結合。（尾羽的作法參見P9）

#### 加上鳥喙＆花紋

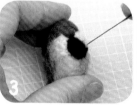

**3** 以紅磚色的羊毛製作鳥喙，並以黑色羊毛揉圓製作鳥喙下方的花紋，一邊以戳針邊塑型一邊戳刺固定。

**4** 取少量黑色羊毛揉圓，一邊以戳針邊塑型，一邊戳刺結合在臉頰上。

#### 加上眼睛

**5** 以錐子在眼珠的位置上鑽孔。

**6** 將插入式眼珠塗上接著劑，鑲入固定。

#### 縫上別針

**7** 將毛氈布剪成圓形，縫上金屬別針。

**8** 以接著劑黏合步驟**7**。

## 企鵝寶寶胸針的作法　Photo → P54

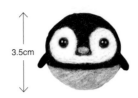

3.5cm

材料（羊毛的顏色＆插入式眼珠的直徑）
頭部・翅膀 ● 黑色RW-701
腹部 ● 灰色RW-702
鳥喙 ● 灰色RW-702
臉頰的花紋 ● 白色RW-700

插入式眼珠 ● 5mm
胸針用別針 ● 3cm
毛氈布 ● 3.5cm

● 翅膀的紙型

### 戳刺上主體的顏色

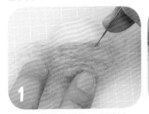

**1**
將胸針基底下方1/3戳刺上灰色羊毛。

**2**
上方2/3戳刺上黑色羊毛。為了能漂亮呈現顏色交接處，請先取細長的黑色羊毛，如畫線般地戳刺在交界處。

### 製作臉部

**3**
取少量白色羊毛，在手掌上來回搓揉成2個扁圓形。

**4**
在黑色部分戳刺上白色扁圓形。（底下的黑色如果會透色，可再補上白色羊毛。）

**5**
戳刺撕開的細長羊毛，使其連接於兩個白色圓形的下方。並將白色＆黑色的交接處修整漂亮。

**6**
取少量灰色羊毛，以指腹揉圓後戳刺結合，製作鳥喙。

### 製作＆加上翅膀

**7**
在戳針工作墊上放置翅膀紙型板，塞入黑色羊毛後戳刺成型。

**8**
在左右兩側的中心點戳刺上翅膀。先戳刺固定接合處的羊毛，再將鬆散的羊毛持續集中戳入接合處。

### 加上眼睛

**9**
以錐子在眼珠的位置上鑽孔。

**10**
將插入式眼珠塗上接著劑，鑲入固定。

### 縫上別針

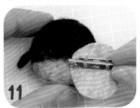

**11**
將毛氈布剪成圓形，縫上金屬別針，再以接著劑黏合在作品背面。

**12**
完成！

## 小鳥玩偶胸針的
## 羊毛氈顏色

P54至P55所有小鳥玩偶胸針的羊毛氈顏色組合都在這裡！

共同材料
插入式眼珠 ● 5mm
胸針用別針 ● 3cm
毛氈布 ● 直徑3.5cm

### 白腹鶇

頭部 ● 橘色RW-304
胸部 ● 黃色RW-301
腹部 ● 白色RW-700
翅膀・尾羽 ● 綠色RW-404
鳥喙 ● 膚色RW-303
屁股 ● 黃色RW-301
眼圈 ● 白色RW-700

### 粉紅鳳頭鸚鵡

頭部 ● 白色RW-700
腹部～背部 ● 粉紅色RW-101
翅膀 ● 灰色RW-702
鳥喙 ● 膚色RW-303
眼圈 ● 白色RW-700

### 藍山雀

頭部・翅膀・尾羽 ● 藍色RW-501
　　＋藏藍色RW-504
腹部 ● 白色RW-700
鳥喙 ● 黑色RW-701
臉部的線條花紋 ● 藍綠色RW-502
　　＋黑色RW-701
線條下方的胸部 ● 黃色RW-301
翅膀上方 ● 卡其色RW-402
　　＋草綠色RW-401

### 虎皮鸚鵡(草綠色)

頭部 ● 黃色RW-301
腹部 ● 草綠色RW-401
翅膀 ● 黃色RW-301
　　＋灰色RW-702
尾羽 ● 同翅膀
鳥喙 ● 灰色RW-702
臉頰的花紋 ● 藏藍色RW-504
鳥喙下方的花紋 ● 黑色RW-701

### 玄鳳鸚鵡

頭部・羽冠 ● 淡黃色RW-300
身體・尾羽 ● 白色RW-700
鳥喙 ● 膚色RW-303
臉頰的花紋 ● 橘色RW-304

### 虎皮鸚鵡(水藍色)

頭部 ● 白色RW-700
腹部 ● 水藍色RW-500＋冰藍色RW-503
翅膀・尾羽 ● 水藍色RW-500
　　＋冰藍色RW-503
　　＋深灰色RW-703
鳥喙 ● 灰色RW-702
臉頰的花紋 ● 藏藍色RW-504
鳥喙下方的花紋 ● 黑色RW-701

## 牡丹鸚鵡

臉部 ● 橘色RW-304
臉部外側 ● 黃色RW-301
身體‧尾羽 ● 草綠色RW-401
鳥喙 ● 紅色RW-104
眼圈 ● 白色RW-700

## 古巴短尾鵟

頭部～尾羽 ● 草綠色RW-401
腹部 ● 白色RW-700
鳥喙 ● 紅色RW-104‧藏藍色RW-504
眼睛下方～側邊的花紋 ●
粉紅色RW-101‧水藍色RW-500
鳥喙下方的花紋 ● 紅色RW-104

## 紅腹灰雀

頭部 ● 黑色RW-701
胸部 ● 橘紅色RW-103
腹部 ● 白色RW-700
翅膀 ● 灰色RW-702
尾羽 ● 黑色RW-701
鳥喙 ● 深灰色RW-703

## 胡錦鳥

頭部 ● 黑色RW-701
頸部線條 ● 藍色RW-501
胸部 ● 紫色RW-602
腹部 ● 黃色RW-301
翅膀 ● 草綠色RW-401
尾羽 ● 藍色RW-501
尾羽邊緣 ● 黑色RW-701
鳥喙 ● 膚色RW-303
眼圈 ● 膚色RW-303

## 翠鳥

頭部 ● 藍色RW-501
腹部 ● 橘色RW-304
尾羽‧尾羽上方的花紋 ● 水藍色RW-500
鳥喙 ● 黑色RW-701
眼周的花紋 ● 橘色RW-304‧白色RW-700

● 紙型 ———————

玄鳳鸚鵡的
羽冠

胡錦鳥的
尾羽

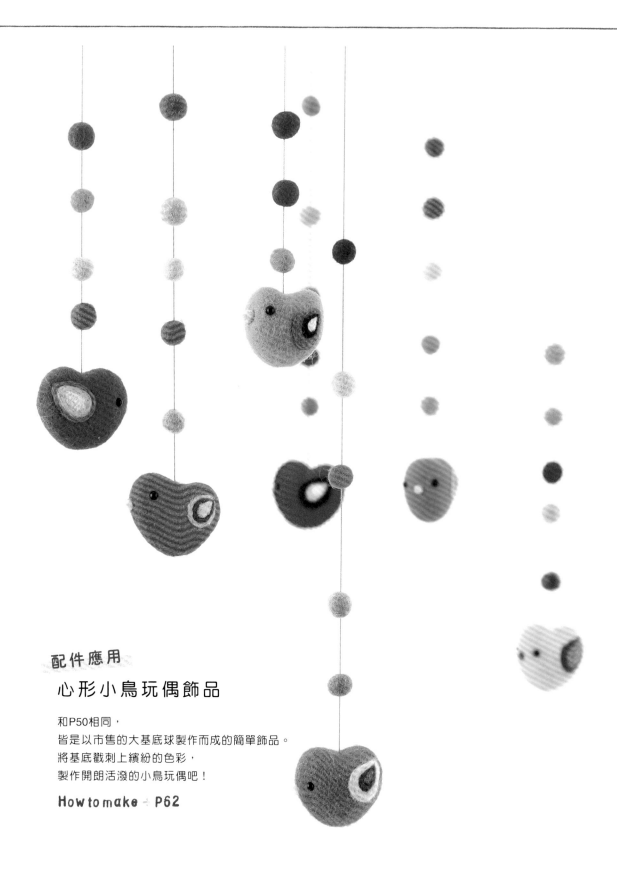

配件應用

心形小鳥玩偶飾品

和P50相同，
皆是以市售的大基底球製作而成的簡單飾品。
將基底戳刺上繽紛的色彩，
製作開朗活潑的小鳥玩偶吧！

Howtomake - P62

如風鈴般懸掛起來，讓人愛不釋手的裝飾品。
只要在色彩繽紛的基底上，加上三層色彩的翅膀，
再以蕾絲線連同小小羊毛球串在一起就完成了！
胸針款則是在單面戳刺上翅膀，加上鳥喙＆眼睛，
再於背面縫上胸針用別針。

## 心形小鳥玩偶飾品的作法　Photo > P60-61

使用市售羊毛氈基底球，即可輕鬆製作基底。
可用於製作胸針或裝飾品等，你喜愛的飾品。

材料〔羊毛的顏色＆插入式眼珠的直徑〕
身體 ● 藍色RW-501　　　　鳥喙 ● 黃色RW-301
翅膀A ● 粉紅色RW-101　　胸針用別針 ● 3cm
翅膀B ● 紫藍色RW-601　　插入式眼珠 ● 4mm
翅膀C ● 淡黃色RW-300

在此使用市售的「大基底球
（フェルトベース大）」
（清原株式會社）。

● 翅膀的紙型

通用

### 製作基底

**1** 以戳針戳刺上方使其凹陷。

**2** 將下方戳刺出V字的弧度，漸漸修整成心形。

**3** 整體戳刺上藍色羊毛。

### 加上翅膀花紋

**4** 將翅膀的紙型放在基底上，以筆描繪輪廓。

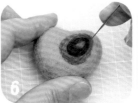

**5** 沿著輪廓線條戳刺上撕成細條狀的粉紅色羊毛。並請注意，水滴狀頂點處的顏色線條寬度應戳刺得較細。

**6** 第二層的紫藍色羊毛也撕成細條狀，沿著第一層顏色內緣戳刺結合。

**7** 取少量翅膀中心用的淡黃色羊毛，以指腹輕輕揉圓，戳刺在翅膀的中心。

### 加上鳥喙

**8** 取少量鳥喙用的黃色羊毛，以指腹揉圓，並戳刺結合。

### 加上眼睛

**9** 以錐子在眼珠的位置上鑽孔。

**10** 將插入式眼珠塗上接著劑，鑲入固定。

### 縫上別針

**11** 在背面縫上金屬別針。

或在背面戳刺上翅膀，
加上眼睛，作成吉祥物
或裝飾品也OK！

**12** 也可以將胸針用別針縫在毛氈布上，再將毛氈布黏貼在主體上。

# 心形小鳥玩偶的配色

以基底色×三色翅膀，完成簡約又繽紛的設計。

共同材料
胸針用別針 ● 3cm
插入式眼珠 ● 4mm

※翅膀的顏色，自外側起以
　A・B・C作為標示。

身體 ● 綠色RW-404
　　　　＋翡翠綠RW-403
翅膀A ● 土黃色RW-302
翅膀B ● 紫色RW-602
翅膀C ● 粉紅色RW-101
鳥喙 ● 黃色RW-301

身體 ● 紅色RW-104
翅膀A ● 紫藍色RW-601
翅膀B ● 翡翠綠色RW-403
翅膀C ● 淡黃色RW-300
鳥喙 ● 黃色RW-301

身體 ● 淡粉色RW-100
　　　　＋洋紅色RW-102
翅膀A ● 藏藍色RW-504
翅膀B ● 淡黃色RW-300
翅膀C ● 翡翠綠RW-403
鳥喙 ● 黃色RW-301

身體 ● 橘色RW-304
翅膀A ● 淡黃色RW-300
翅膀B ● 藏藍色RW-504
翅膀C ● 粉紅色RW-101
鳥喙 ● 黃色RW-301

身體 ● 藏藍色RW-504
翅膀A ● 粉紅色RW-101
翅膀B ● 翡翠綠RW-403
翅膀C ● 淡黃色RW-300
鳥喙 ● 黃色RW-301

身體 ● 粉紅色RW-101
翅膀A ● 翡翠綠RW-403
翅膀B ● 藏藍色RW-504
翅膀C ● 黃色RW-301
鳥喙 ● 黃色RW-301

身體 ● 淡黃色RW-300
　　　　＋黃色RW-301
翅膀A ● 藍綠色RW-502
翅膀B ● 橘紅色RW-103
翅膀C ● 紫色RW-602
鳥喙 ● 橘色RW-304

# 寫實小鳥玩偶

*Real kotori is made by needle felting.*

### 29

立體感的翅膀花紋是眾人矚目的焦點！

## 寫實小鳥玩偶代表—— 麻雀

先從茶色頭部＆駝色身體開始戳刺，
再從尾羽朝頭部方向製作翅膀。
翅膀的花紋使用了數種顏色的羊毛，以呈現出立體感。

**How to make - P66**

近看也可能誤以為真，與實體極為相似的寫實派羊毛氈作品。
麻雀的完成度相當高，可謂是寫實小鳥玩偶的代表。
臉部、翅膀、尾羽、腳爪……連細節都如實地呈現出來啦！

## 29 寫實小鳥玩偶　麻雀的作法　Photo - P64

front　　　side

7cm

材料（羊毛的顏色＆插入式眼珠的直徑）
頭部 ● 茶色RW-203
腹部 ● 駝色RW-202
翅膀 ● 駝色RW-202 + 紅磚色RW-201
　　　 + 茶色RW-203 + 深灰色RW-703
腳部 ● 膚色RW-303 + 駝色RW-202
眼圈 ● 駝色RW-202
頭部周圍 ● 白色RW-700
臉部花紋 ● 黑色RW-701
鳥喙 ● 黑色RW-701
腳爪用鐵絲 ● 花藝鐵絲 #24
插入式眼珠 ● 4mm
※因腳爪用鐵絲需纏繞上羊毛，
　建議選用已包紙的花藝鐵絲。

● 翅膀紙型　　　　　　　　　　　　　　　　● 鳥喙紙型

側視　　　正視

## 戳刺上身體的顏色

**1** 以填充羊毛製作基底（參見P34至P35），並將背部戳刺得稍微柔軟豐滿一些。

**2** 頭部戳刺上茶色羊毛。

**3** 腹部側面戳刺上駝色羊毛。

## 製作翅膀

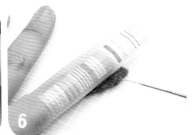

**4** 取等量的駝色、紅磚色、茶色、深灰色羊毛，進行混色。

**5** 塞入翅膀的紙型板中，戳刺整體製作翅膀。

**6** 手指套上指套按壓固定，以與工作墊平行的方式戳刺。

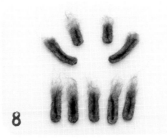

7

在翅膀上鋪放紅磚色、深棕色羊毛，戳刺出花紋。

8

依紙型B・C各製作左右翅膀2片，及紙型A的尾羽5片。

## 組合尾羽

9

重疊5片尾羽。

10

戳刺根部使尾羽連接在一起。

11

尾羽完成。

## 加上尾羽

12

將尾羽戳刺在背部的末端。

## 加上左右的翅膀

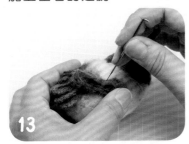

13

先將紙型B的翅膀戳刺在身體的側面。

14

戳刺上紙型C的翅膀。翅膀的尖端不戳刺結合。

## 加上背部的翅膀

15

取駝色、茶色、深灰色羊毛進行混色。

>>

作法
接續P71

16
摺疊至約4cm×2cm。

17
重疊在單側的翅膀上方。

18
戳刺後頸側進行固定,作成柔軟蓬鬆狀。翅膀另一側作法亦同。

19
取駝色、紅磚色、深灰色羊毛進行混色。

20
摺疊至約4cm×2cm,戳刺固定於步驟18的上方,作成柔軟蓬鬆狀。

21
將鋪上去的羊毛戳刺出相同間隔的凹紋。

22
第二片羊毛也戳刺出相同間隔的凹紋。

23
取少量紅磚色羊毛重疊戳刺,加上翅膀的陰影。

24
再重疊上茶色羊毛,呈現出翅膀的光影效果。

請慢慢
戳刺唷!

## 加上白色花紋

**25** 各取少量白色羊毛，戳刺在翅膀尖端下方，增添花紋。

**26** 在頭部上戳刺白色羊毛。

**27** 胸前的白色幅寬較厚，側邊則呈現曲線條紋。

## 加上鳥喙＆臉部的花紋

**28** 如摺疊成三角形般地捲起黑色羊毛。

**29** 謹慎地戳刺成三角錐形，製作鳥喙。

**30** 在頭部的茶色＆白色交界處戳刺上鳥喙。

**31** 自鳥喙兩側，沿著交界線戳刺上黑色花紋。

**32** 在鳥喙下方戳刺黑色花紋。

**33** 戳刺上臉頰黑色花紋。

>>

## 加上眼睛

**34** 以錐子在眼珠的位置上鑽孔。

**35** 將插入式眼珠塗上接著劑，鑲入固定。

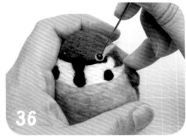

**36** 如畫線般，將駝色羊毛戳刺眼周一圈。

## 製作 & 加上腳爪

**37** 將#24花藝鐵絲剪成四等分，並將前端各折彎1.5cm。

**38** 以鉗子牢固地夾住花藝鐵絲後進行扭轉。

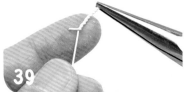

**39** 扭轉折彎的前端。共製作4支。

**40** 花藝鐵絲2支為一組，自扭轉的前端根部，將兩組鐵絲扭轉固定。

**41** 扭轉固定之後，將4支扭轉的鐵絲前端打開成十字狀。

**42** 取等量的駝色&膚色羊毛進行混色。

自各腳爪末端一邊塗上接著劑，一邊纏繞並黏貼上羊毛。

腳的部分也纏繞並黏貼上羊毛。

乾燥之後，保留約3cm長，斜向剪斷多餘的部分。

以錐子在雙腳預定位置鑽孔。請朝向尾羽的方向，斜向地鑽出略大的孔洞。

擠入木工用接著劑。

將腳插入洞內接合。

\ 完成！ /

接合雙腳。

完成寫實麻雀。

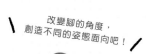

\ 改變腳的角度，創造不同的姿態面向吧！ /

*30*

圓圓的黃色身體最受歡迎了！

# 頭好壯壯的小雞

將整體戳刺上黃色羊毛之後，簡約地製作翅膀，
一邊戳刺在身體上，一邊修整成型即完成。
只要將頭部作地稍大一些，
就能微妙地呈現出小雞的特色。
Point：腳爪則要作得比麻雀還要大喔！

How to make ▶ P74

## 30 寫實小鳥玩偶　小雞的作法 Photo - P72-73

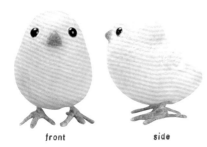

front　　　side

材料（羊毛的顏色＆插入式眼珠的直徑）
身體・翅膀 ● 淡黃色RW-300＋黃色RW-301
翅膀末端 ● 白色RW-700
鳥喙 ● 黃色RW-301＋橘色RW-304
眼圈 ● 白色RW-700
腳部 ● 淡黃色RW-300＋橘色RW-304
腳爪用鐵絲 ● 花藝鐵絲 #24
插入式眼珠 ● 6mm
※因腳爪用鐵絲需纏繞上羊毛，
　建議選用已包紙的花藝鐵絲。

● 翅膀的紙型

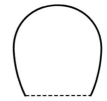

● 鳥喙的紙型

側視　　　　正視

### 製作身體

**1**
取等量的黃色＆淡黃色的羊毛，進行混色。

**2**
在以填充羊毛製作而成的基底（P34至P35）上，戳刺上混色的黃色羊毛。

### 加上翅膀

**3**
將混色羊毛塞入翅膀的紙型板中，戳刺成型。共製作2片。

**4**
在翅膀末端戳刺上白色羊毛，使其呈現輕飄飄的感覺。

**5**
戳刺翅膀結合在身體上。

**6**
戳刺出翅膀的羽毛紋路。

### 加上鳥喙

**7**
取等量的橘色＆黃色羊毛，進行混色。

**8**
從末端開始摺疊成三角形，製作鳥喙。

**9**
仔細地戳刺修整成三角錐狀。

**10**
將鳥喙戳刺固定於頭部。

### 加上眼睛

**11**
以錐子在眼珠的位置上鑽孔。

**12**
將插入式眼珠塗上接著劑，鑲入固定。

## 製作&加上腳爪

**13** 如畫線般，在眼周戳刺一圈白色羊毛。

**14** 將#24花藝鐵絲剪成四等分，並以鉗子將前端各折彎1.7cm。

**15** 以鉗子牢固地夾住花藝鐵絲後進行扭轉。

**16** 扭轉折彎的前端。共製作4支。

**17** 花藝鐵絲2支為一組，自扭轉的前端根部，將兩組鐵絲扭轉固定。

**18** 扭轉固定之後，將4支扭轉的鐵絲前端打開成十字狀。

**19** 取等量的橘色&淡黃色羊毛，進行混色。

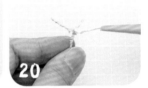

**20** 將各腳爪末端塗上接著劑。

**21** 纏繞並黏貼上羊毛。

**22** 腳的部分也纏繞並黏貼上羊毛。

**23** 乾燥之後，保留約3cm長，斜向剪斷多餘的部分。

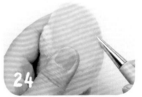

**24** 以錐子在雙腳預定位置，朝向尾端的方向進行鑽孔。

**25** 擠入木工用接著劑。

**26** 將腳插入洞內接合。

**27** 完成小雞。

\ 完成！/

## 材料＆道具

*1* 大基底球（フェルトベース大・YFB-02）
直徑4.5cm柔軟蓬鬆的半球形（馬卡龍形）毛氈，有各種顏色可選擇。

*2* 小基底球（フェルトベース小YFB-01）
直徑3cm的羊毛氈圓球，有各種顏色可選擇。

*3* 毛氈布
縫上胸針用別針，黏貼在作品背面。

*4* 戳針工作墊
進行羊毛氈戳刺時，墊在羊毛底下。

*5* 錐子
在眼睛＆腳的預定位置上鑽孔時使用。

*6* 接著劑
黏貼毛氈布＆接合插入式眼珠時使用。

*7* 針插
於製作過程中，暫時插放戳針。

*8* 切割墊
所有製作過程皆請在切割墊上進行。

*9* 毛氈用戳針
可藉由戳刺羊毛進行塑型。

*10* 插入式眼珠
作為小鳥玩偶的眼睛使用。

*11* 胸針用別針
製作胸針作品時，縫於背面。

*12* Raw Wool
100%美麗諾羊毛條。

## 本書使用的Raw Wool（羊毛條）色號表（SUN FELT株式會社）

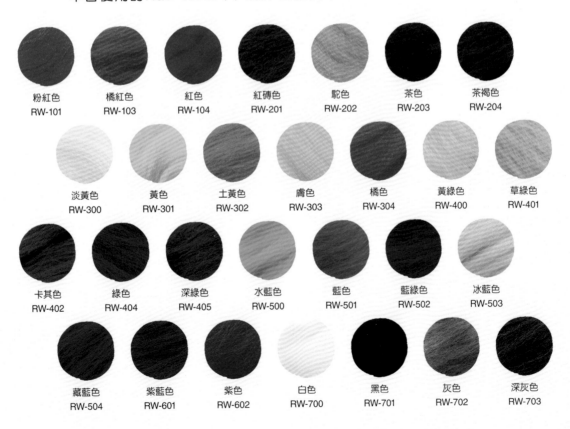

| 粉紅色 | 橘紅色 | 紅色 | 紅磚色 | 駝色 | 茶色 | 茶褐色 |
| RW-101 | RW-103 | RW-104 | RW-201 | RW-202 | RW-203 | RW-204 |

| 淡黃色 | 黃色 | 土黃色 | 膚色 | 橘色 | 黃綠色 | 草綠色 |
| RW-300 | RW-301 | RW-302 | RW-303 | RW-304 | RW-400 | RW-401 |

| 卡其色 | 綠色 | 深綠色 | 水藍色 | 藍色 | 藍綠色 | 冰藍色 |
| RW-402 | RW-404 | RW-405 | RW-500 | RW-501 | RW-502 | RW-503 |

| 藏藍色 | 紫藍色 | 紫色 | 白色 | 黑色 | 灰色 | 深灰色 |
| RW-504 | RW-601 | RW-602 | RW-700 | RW-701 | RW-702 | RW-703 |

# 羊毛條的處理方法

請溫柔地
拉開羊毛喔！

**1** 左右兩手抓取約30cm的長度，以雙手施力往外拉開。

**2** 往外拉開，分成兩半。

對半拉開的模樣。

**4** 撕取需要的分量備用。

# 羊毛條的混色方法

**1** 如混合水彩般，各取兩種不同顏色的少量羊毛。

**2** 將兩色羊毛重疊並撕開。

**3** 再次重疊並撕開。

**4** 重複數次重疊撕開，即可完成混色。

● 左右兩側是單色羊毛，中間是結合兩種單色羊毛的混色羊毛。

# 戳針的使用方法

- 若隨意晃動戳針很容易折斷。
- 進行戳刺作業時，戳針要保持直直地戳刺，直直地拔出來。
- 戳刺作品時，為了精準地作成想要的大小，請以指腹確實壓住羊毛，垂直地戳刺。

- 在瓦楞紙上（5×5cm左右）描繪紙型後剪空。

- 為了避免戳針刺傷手指，以透明資料夾（約8×8cm）製作指套備用。

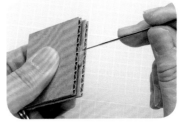

- 也可以不使用指套，以瓦楞紙夾住羊毛，就能安全地將邊緣修整漂亮或作出凹陷角度。

- 進行戳刺作業時，戳針可戳到桌子，所以請在切割墊上製作。

- 製作小尺寸的物件時，請在切割墊上放置工作墊，於其上進行製作。

切記！
戳針要直直戳刺，
直直地拔出來喔！

**玩・毛氈 12**

# 圓滾滾&胖嘟嘟の羊毛氈小鳥玩偶

| | |
|---|---|
| 作　　　　者 | ／滝口園子 |
| 譯　　　　者 | ／林佩璇 |
| 發　行　人 | ／詹慶和 |
| 總　編　輯 | ／蔡麗玲 |
| 執　行　編　輯 | ／陳姿伶 |
| 編　　　　輯 | ／蔡毓玲・劉蕙寧・黃璟安・李宛真・陳昕儀 |
| 執　行　美　術 | ／陳麗娜 |
| 美　術　編　輯 | ／周盈汝・韓欣恬 |
| 出　版　者 | ／Elegant-Boutique新手作 |
| 發　行　者 | ／悅智文化事業有限公司 |
| 郵政劃撥帳號 | ／19452608 |
| 戶　　　　名 | ／悅智文化事業有限公司 |
| 地　　　　址 | ／220新北市板橋區板新路206號3樓 |
| 電　　　　話 | ／(02)8952-4078 |
| 傳　　　　真 | ／(02)8952-4084 |
| 網　　　　址 | ／www.elegantbooks.com.tw |
| 電　子　信　箱 | ／elegant.books@msa.hinet.net |

2018年12月初版一刷　定價320元

YOUMOU FELT DE TSUKURU MANMARU KOTORI POTEPOTE
KOTORI by Sonoko Takiguchi
Copyright ©Sonoko Takiguchi 2016.
All rights reserved.
Original Japanese edition published by Nitto Shoin Honsha Co.,
Ltd.
This Traditional Chinese language edition is published by
arrangement with
Nitto Shoin Honsha Co., Ltd., Tokyo in care of Tuttle-Mori
Agency, Inc., Tokyo
through Keio Cultural Enterprise Co., Ltd., New Taipei City.

經銷／易可數位行銷股份有限公司
地址／新北市新店區寶橋路235巷6弄3號5樓
電話／(02)8911-0825　　傳真／(02)8911-0801

**滝口園子** (のこのこ)

羊毛氈作家。2008年起以羊毛氈制作胖嘟嘟小鳥和貓咪、動物的
吉祥物等，以看到作品時會「燦爛一笑」，捧在手上能感受到「溫
暖觸感」，而且得以使心情變得「悠然自得」為創作宗旨，一直持
續制作著療癒人心的可愛圓滾滾玩偶。活躍於許多藝術盛典的展覽
會與活動，曾發表作品誌《羊毛氈的杯墊COLLECTION》（河出書
房新社）等，本書為第一本著作。

Homepage
羊毛フェルトのまんまることり http://nokonokofelt.com

**日本原書團隊 Staff**

| | |
|---|---|
| 書籍設計 | 前原香織 |
| 攝影 | 蜂巢文香 |
| 美編 | 西森　萌 |
| 步驟攝影 | 相築正人 |
| 企劃・編輯 | 秋間三枝子 |
| 步驟編輯 | 大野雅代（クリエイトONO） |
| 編　　輯 | 渡辺　塁 |
| 執　　行 | 中川　通・編笠屋俊夫・牧野貴志 |
| 總編輯 | 鏑木香緒里 |

國家圖書館出版品預行編目 (CIP) 資料

圓滾滾&胖嘟嘟の羊毛氈小鳥玩偶／滝口園子著；林佩璇譯
－ 初版 . － 新北市：新手作出版：悅智文化發行，2018.12
　　面；　公分 . －（玩・毛氈；12）
ISBN 978-986-97138-0-1（平裝）

1. 手工藝

426.7　　　　　　　　　　　　　　　　　107019836

Elegantbooks
以閱讀，
享受幸福生活

玩・毛氈 01

好運定番！
招福又招財の和風羊毛氈小物
作者：FUJITA SATOMI
定價：280元

玩・毛氈 02

一看就想作可愛の羊毛氈小物
羊毛氈刺繡×胸章×吊飾
作者：須佐沙知子
定價：280元

玩・毛氈 03

袖珍屋裡の羊毛氈小雜貨
就愛Zakka！70件可愛布置
授權：日本Vogue社
定價：280元

玩・毛氈 04

手作43隻森林裡的
羊毛氈動物超可愛呦！
授權：日本Vogue社
定價：280元

玩・毛氈 05

1小時完成！
學會21隻萌系羊毛氈小動物
（暢銷版）
授權：BOUTIQUE-SHA
定價：280元

玩・毛氈 06

軟綿綿×甜蜜蜜
33款羊毛氈の甜點小禮物
Present for you！
作者：福田理央
定價：280元

雅書堂 EB 新手作

**雅書堂文化事業有限公司**
22070新北市板橋區板新路206號3樓
facebook 粉絲團:搜尋 雅書堂
部落格 http://elegantbooks2010.pixnet.net/blog
TEL:886-2-8952-4078 ‧ FAX:886-2-8952-4084

玩‧毛氈 07

**童畫風の羊毛氈刺繡**
在日常袋物×衣物上戳刺出美麗の圖案裝飾
作者:choco-75 (日端奈奈子)
tamayu (加藤珠湖‧繭子)
定價:280元

玩‧毛氈 08

**羊毛氈の52款可愛變身**
甜點×動物×玩偶
授權:日本Vogue社
定價:280元

玩‧毛氈 09

**來玩吧!樂戳羊毛氈の動物好朋友**
Baby玩具‧雜貨小物の裝可愛筆記書
作者:魏瑋萱
定價:300元

玩‧毛氈 10

**超萌呦!輕鬆戳29隻**
**捧在掌心の羊毛氈寵物鳥**
作者:宇都宮みわ
定價:280元

玩‧毛氈 11

**360° 都可愛の羊毛氈小寵物**
作者:須佐沙知子
定價:320元